BRULOT CUIRASSÉ

MU PAR LA VAPEUR

ET DIRIGÉ A L'AIDE DE L'ÉLECTRICITÉ

PAR

Charles BESSON

Chevalier de la Légion d'honneur

PARIS

TYPOGRAPHIE ET LITHOGRAPHIE Ves RENOU, MAULDE ET COCK

Rue de Rivoli, 144

1874

HISTORIQUE DE CE TRAVAIL

Les principes suivants sont depuis longtemps vrais et paraissent devoir l'être toujours :

Souvent, une invention consiste moins en une innovation proprement dite qu'en une application nouvelle d'une chose préexistante, déjà connue, mais à laquelle on a adapté les progrès les plus récents de la science afin de la perfectionner et de la mettre à la hauteur des nécessités du moment.

Bien des inventions, quelque bonnes qu'elles soient, ne sont pas adoptées dès leur naissance; mais, après des fortunes diverses, après un certain nombre d'années de lutte contre la routine, les préjugés où le mauvais vouloir, elles parviennent à se faire admettre, puis à s'imposer, par suite de l'obligation où l'on est d'en faire usage.

Presque jamais les inventeurs ne profitent de leurs découvertes; après avoir été longtemps discutés, ils finissent par se retirer de la lutte à bout de forces, découragés, ou par mourir; c'est alors que d'autres, plus adroits, s'emparent de leurs travaux et en tirent honneur et profit.

C'est pour mettre une fois de plus en relief ces principes si vrais qu'il nous paraît utile de faire précéder ce travail de son historique, avec les preuves officielles à l'appui de nos assertions.

Nous devons beaucoup à la complaisance de plusieurs des Amiraux et des Ingénieurs les plus distingués de notre marine; on comprendra facilement que, si nous publions une partie de leur correspondance, nous évitions de citer leurs noms.

Le 14 décembre 1861, j'adressai, pour la première fois, mon mémoire sur les brûlots à M. A..., Ingénieur des constructions navales, attaché au Ministère de la marine.

M. A... me répondit, le 1er mars 1862 :

J'ai depuis longtemps reçu le mémoire que vous m'avez fait l'honneur de m'adresser et j'ai lu ce document avec beaucoup d'intérêt...... Soumettez votre travail à l'examen du Conseil des travaux dont il me paraît digne sous tous les rapports...... Il ne m'est pas possible de vous donner mon opinion personnelle, cela nous est formellement défendu par nos règlements.

Suivant les indications de M. A..., je priai M. le Ministre de la marine de vouloir bien soumettre mon mémoire au Conseil des travaux.

Le 26 avril 1862 m'arriva la lettre suivante de M. B..., Ingénieur des constructions navales, alors tout-puissant au Ministère de la marine :

Vous avez dû recevoir des remerciements au sujet d'un brûlot de votre invention...... Désirant vous entretenir moi-même au sujet de votre brûlot, je vous prie de vouloir bien vous présenter au ministère......

Je me rendis à cette invitation et j'eus un assez long entretien avec M. B... Il approuva entièrement mes idées, sauf quelques détails relatifs à la direction. Sur un seul point nous différâmes tout à fait d'opinion; voici à quel propos :

M. B... m'affirma que, lors de la première grande guerre maritime, s'il occupait encore la même position au Ministère, on mettrait mon projet à exécution. Il ajouta : « Nous cuirasserons de vieux navires à vapeur en bois et nous les transformerons en brûlots cuirassés, mus par la vapeur et dirigés à l'aide de l'électricité, tels que vous les proposez. »

Je lui objectai, ce qui est encore ma conviction, que je considérais une grande vitesse et des qualités giratoires de premier ordre comme indispensables pour ces brûlots et que l'on n'obtiendrait que des bâtiments lourds et mauvais marcheurs avec d'anciens navires en bois revêtus de cuirasses.

Le 22 mai 1862 me parvint la lettre du Ministre de la marine; la voici en entier :

Paris, le 22 Mai 1862.

Monsieur, vous m'avez transmis dernièrement un mémoire descriptif d'un nouveau système de brûlot à vapeur de votre invention.

Après avoir fait examiner ce mémoire par le Conseil des travaux de la marine, j'ai reconnu qu'il n'y avait pas lieu de donner suite à votre projet, en raison de la dépense qu'entraînerait la construction d'un nombre suffisant de brûlots et de l'impossibilité où l'on serait, dans la plupart des circonstances, d'amener à coup sûr le bâtiment à l'endroit voulu pour assurer le succès et l'efficacité de l'explosion.

Je me plais toutefois à reconnaître que vous avez fait preuve d'un zèle et d'une intelligence dignes d'éloges dans l'étude d'une question intéressante pour la marine, et je vous remercie de m'avoir soumis votre consciencieux travail.

Recevez, Monsieur, l'assurance de ma parfaite considération.

Le Ministre Secrétaire d'État de la marine et des colonies,

Signé : CHASSELOUP-LAUBAT.

Il est indispensable de remarquer que, à cette époque, on ne contestait nullement la nouveauté de mes propositions; pour les repousser, on se contentait d'invoquer la question de dépense et l'incertitude de la direction.

Cette réponse ne me surprit pas; je savais par expérience que, lorsqu'on n'est pas un homme du métier et à moins de très-puissantes protections, toutes les propositions sont accueillies, dans les ministères et au sein des comités, par des fins polies de non-recevoir.

Pourtant j'attendis avec confiance, me rappelant la promesse qui venait de m'être faite par M. B... et l'approbation que plusieurs amiraux les plus éminents avaient donnée à mon travail; je pensais que, une occasion se présentant, une grande guerre européenne venant à éclater, le Ministère se verrait dans la nécessité de mettre mes idées à profit et en pratique.

En mars 1868, M. l'Amiral C... me fit dire de renvoyer immédiatement au Ministre de la marine mon Mémoire sur les brûlots.

Je me conformai à cet avis; j'en eus bientôt l'explication par l'Amiral C... lui-même.

Un monsieur avait sans doute trouvé mon travail à sa convenance; après quelques retouches, il l'avait adressé au Ministère comme étant de lui.

Le 19 juin 1868, me parvint la réponse suivante du Ministre; je la transcris en entier :

Paris, le 19 Juin 1868.

Monsieur, j'ai fait examiner par le Conseil des travaux le mémoire que vous m'avez adressé récemment sur un système de brûlot à vapeur que vous aviez déjà soumis en 1862 au Département de la marine.

Le Conseil a émis l'avis que les objections auxquelles avait donné lieu votre projet lors de son premier examen subsistaient encore aujourd'hui, et qu'en présence des difficultés pratiqués que rencontrerait sa mise à exécution et de l'énorme dépense qu'il occasionnerait sans offrir des chances suffisantes de profit, il n'y avait pas lieu de donner suite à vos propositions.

J'ai adopté cet avis, et, conformément à votre demande, j'ai l'honneur de vous renvoyer ci-joint votre mémoire, en vous remerciant de l'avoir soumis à mon examen.

Recevez, Monsieur, l'assurance de ma parfaite considération.

L'Amiral, Ministre Secrétaire d'État au Département de la marine et des colonies,

Signé : RIGAULT DE GENOUILLY.

Cette réponse est semblable à celle de 1862; les objections sont les mêmes : dépense trop considérable, incertitude de la direction.

Il est bon d'observer que, à cette époque, la question de dépense ne devait pas beaucoup préoccuper le ministère de la marine. En effet, on venait d'acquérir, aux États-Unis, le *Rochambeau* qui, après les transformations faites en France, revint à plus de quatorze millions. Or, on savait très-bien que ce navire était construit avec du bois de teck vert et qu'il serait bientôt hors de service. Après la guerre de 1870-71, il a été condamné et dépecé.

Lorsque la guerre fut déclarée à la Prusse, nous vîmes M. l'Amiral C... Il pensait, comme nous, que le moment était venu de faire usage de nos brûlots ; il eut bientôt l'occasion de présenter notre travail à M. l'amiral Bouet-Willaumez.

Notre flotte se trouvait alors en face des ports ennemis. Pour en forcer l'entrée, il fallait sacrifier un ou plusieurs navires ordinaires avec leurs équipages. La nécessité était cruelle ; cependant le sacrifice était résolu, lorsqu'arriva de Paris l'ordre de se borner à bloquer les ports de la Prusse sans tenter contre eux aucune agression.

Nos idées reçurent, cette fois encore, l'approbation de l'Amiral Bouet-Willaumez. Avec de tels moyens d'attaque, dit-il, j'eusse forcé et détruit les ports de l'ennemi ainsi que les vaisseaux qui s'y sont réfugiés.

Après la guerre et la Commune, une fois nos ministères à peu près réorganisés, je fis une dernière tentative. Je pensais que l'impuissance manifeste de notre flotte de grands cuirassés avait sans doute fait comprendre que les moyens actuels de destruction étaient insuffisants et qu'il fallait en adopter d'autres plus efficaces et plus énergiques. J'adressai, pour la troisième fois, mon travail au Ministre de la marine.

Voici la réponse textuelle que je reçus le 13 février 1873 :

Versailles, le 13 Février 1873.

Monsieur, j'ai fait examiner le projet de brûlot cuirassé que vous m'avez adressé le 20 décembre 1872.

La Commission qui s'est livrée à ce travail a apprécié tout le mérite de vos propositions ; mais elle a fait remarquer, en même temps, qu'un système identique à celui que vous avez en vue, est exécuté aux États-Unis d'Amérique.

Je vous remercie toutefois de votre communication, et je vous renvoie, suivant votre désir, le manuscrit qui était joint à votre lettre précitée.

Recevez, Monsieur, l'assurance de ma considération distinguée.

Le Vice-Amiral, Ministre de la marine et des colonies,
Signé : POTHUAU.

Cette fois, on ne me fait plus les mêmes objections que précédemment ; on n'invoque plus ni la question de dépense ni l'incertitude de la direction ; on se contente de me dire : « Ce que vous proposez est déjà connu ! »

Les principes que nous avons inscrits en tête de cet historique seront donc toujours vrais !

CONSIDÉRATIONS GÉNÉRALES

Pour bien faire comprendre l'importance de ce que nous proposons, il nous paraît indispensable de rappeler, en peu de mots, dans quelles conditions se trouvent actuellement les vaisseaux de guerre et de quels éléments se compose une flotte de combat.

A partir du moment où l'on a adopté les cuirasses pour protéger les flancs des navires, une lutte très-vive s'est engagée entre les Ingénieurs des constructions navales et les Officiers de l'artillerie.

Les premiers ont été amenés à augmenter peu à peu l'épaisseur des cuirasses jusqu'à la porter, dans ces derniers temps, à 35 cent.

Les seconds ont, de leur côté, créé des canons de plus en plus puissants afin d'arriver à percer les cuirasses nouvelles à l'aide d'une charge plus considérable de poudre donnant une force plus grande de pénétration et permettant un poids supérieur des projectiles.

C'est ainsi que l'on arme maintenant les cuirassés avec des canons du calibre 30 cent. 5, du poids de 35 tonnes, lançant des projectiles de 700 livres.

En face de la force de pénétration toujours croissante et presque irrésistible des nouveaux projectiles, les Constructeurs ont cherché à soustraire le plus possible les navires à leurs atteintes. Aussi, ils ont remplacé les premiers types adoptés, les grandes frégates cuirassées, par des vaisseaux à tourelles, ayant leur pont peu élevé au-dessus de l'eau, cachant au-dessous de la ligne de flottaison leur machine, leurs soutes, etc., et n'offrant presque plus, comme point de mire aux projectiles ennemis, qu'une ou plusieurs tourelles revêtues d'une muraille en fer d'une épaisseur énorme. Chaque tourelle renferme de deux à six canons du plus fort calibre.

En France, les types actuels de ce genre sont : le *Friedland*, navire en fer à fort central et à éperon ; le fort aura six canons de 27 cent. ; le *Richelieu*, navire en bois, également à fort central et à éperon et portant sur les gaillards quatre tourelles fixes ; le fort aura six canons de 27 cent. et chaque tourelle un de 24 cent.

L'épaisseur de la cuirasse de ces navires n'est que de 16 à 22 cent. Mais l'Amirauté française se décide enfin à imiter les autres puissances maritimes. En ce moment, elle fait mettre sur chantier un garde-côte, le *Fulminant*, dont le blindage devra avoir 32 cent. d'épaisseur.

En Angleterre, ces dimensions, comme canons et comme cuirasses, sont depuis longtemps dépassées.

L'Amirauté anglaise, non contente d'avoir des vaisseaux tels que la *Dévastation* portant des canons du calibre 30 cent. 5 et une cuirasse de 30 et 35 cent., fait construire actuellement un nouveau cuirassé à tourelles, l'*Inflexible*, dont les moyens d'attaque et de défense seront encore supérieurs à ceux de la *Dévastation*. En effet, l'*Inflexible* devra porter des canons du poids de 80 tonnes, lançant un projectile d'environ 700 kilos. Sa cuirasse, composée de deux cuirasses superposées, devra avoir une épaisseur de fer de 61 cent.

Pour expliquer la différence considérable qui existe entre les forces respectives d'attaque et de défense des deux marines, il est nécessaire de faire une observation : pendant un combat, les équipages de nos cuirassés seront en parfaite sécurité à bord de leurs navires ; au contraire, les hommes les plus compétents de la marine anglaise en sont encore à se demander si leurs canons monstres ne seront pas plus dangereux pour leurs propres servants que pour l'ennemi et si, en cas de mer un peu grosse, leurs énormes masses cuirassées ne chavireront pas ou ne couleront pas à pic.

Quoi qu'il en soit, chaque année, à chaque construction nouvelle, on augmente des deux côtés le calibre des canons et l'épaisseur des cuirasses.

Où s'arrêtera cette lutte entre l'attaque et la défense ? Qui aura le dernier mot ? Il est peut-être possible de le prévoir actuellement ; car, on comprend que des masses telles que les cuirassés doués de vitesses considérables, 10, 12 et 14 nœuds à l'heure, c'est-à-dire, extrêmement mobiles et ne présentant qu'une surface très-restreinte et presque toujours oblique aux projectiles ennemis, seront, dans la plupart des cas, soustraits aux effets destructeurs de l'artillerie.

D'un autre côté, plus on augmente le calibre des canons, c'est-à-dire, les poids de la charge et du projectile, plus le tir devient lent et difficile. Avec les pièces de 35, 50 et 80 tonnes, il est probable que, deux navires courant à toute vitesse l'un sur l'autre, chacun d'eux n'aura à supporter qu'une seule bordée depuis le moment où ils se trouveront à bonne portée, jusqu'à celui où ils arriveront bord à bord. Il est donc permis de supposer que, dans l'avenir, les canons n'auront plus qu'un rôle secondaire dans les batailles navales.

Un nouvel engin a déjà sa place marquée, son rôle défini dans les combats : l'Éperon. Un autre est l'objet des études les plus actives de la part de toutes les puissances maritimes : la Torpille.

A ces deux agents de destruction, nous proposons d'en joindre un troisième qui, selon nous, serait d'un effet bien plus certain et plus terrible : le Brûlot.

Notre conviction est donc que les futures batailles navales se décideront bien plus à l'aide des éperons, des torpilles et des brûlots, que par la supériorité plus ou moins marquée d'une artillerie sur l'autre.

Une flotte de guerre doit se composer de trois éléments distincts :

1° Les Éclaireurs ;
2° Les Vaisseaux de combat ;
3° Les Transports.

Les Éclaireurs sont des navires légers, avisos et corvettes rapides, qui ne pourraient lutter contre des cuirassés, mais doués d'une marche supérieure à celle des vaisseaux de combat. Ils sont destinés à rechercher l'ennemi et à protéger les escadres contre des surprises, en assurant toujours la marche en avant, en même temps que la sécurité en arrière et sur les flancs, surtout pendant la nuit et en cas de blocus. Ils devront être nombreux, leur service étant très-important, étendu, et actif.

Le corps de bataille comprend les frégates cuirassées et les vaisseaux à tourelles. En outre, le long des côtes, il comporte les chaloupes canonnières et les garde-côtes, lourdes masses en général fort peu mobiles, qui ne peuvent se hasarder en pleine mer que pour une courte traversée et par les temps calmes.

Les transports sont destinés à porter les troupes de débarquement et les approvisionnements en charbon, vivres, munitions, etc., nécessaires au ravitaillement de la flotte, ainsi qu'aux réparations les plus urgentes des cuirassés. Sous ce dernier rapport, le vaisseau-arsenal autrichien, le *Cyclope*, construit à la Seyne, nous paraît une excellente innovation.

Nos seuls navires de guerre, proprement dits, sont donc : les frégates cuirassées et les navires à tourelles. En cas de combat, il faudra les diviser en deux parties : la première pour engager et soutenir l'action ; la seconde pour la décider ou pour protéger la retraite, comme une réserve.

Ces vaisseaux ne sont pourvus que de deux engins de destruction : les canons et l'éperon.

Comme nous venons de l'indiquer, le rôle de l'artillerie devient de plus en plus secondaire à mesure que, par leur construction, on soustrait davantage les navires à l'action des boulets.

Quant à l'éperon, il faut, pour qu'on s'en serve efficacement, que le vaisseau qui en est armé puisse atteindre son ennemi, c'est-à-dire que l'assaillant ait une marche supérieure et des qualités giratoires de premier ordre, de façon que l'assailli ne puisse se dérober à son choc en forçant de vapeur ou en virant. Le rôle de l'éperon est donc, jusqu'à présent, très-incertain. En outre, il reste à savoir si, en cas de rencontre, le choc ne sera pas aussi funeste à l'assaillant qu'à l'assailli.

On s'est préoccupé des torpilles surtout pour s'en servir le long des côtes, dans la défense des passes ou des ports; on commence à chercher le moyen d'en faire usage dans les combats en pleine mer. Nous nous réservons de discuter, à la fin de notre travail, le parti que l'on pourra en tirer et leur valeur réelle, vu l'état des connaissances actuelles.

À notre époque, il n'est nullement question des brûlots. On semble les avoir complétement voués à-l'oubli depuis que l'on a adapté la vapeur et les cuirasses aux vaisseaux de guerre. Selon nous, c'est au contraire plus que jamais le moment de s'en servir en les perfectionnant à l'aide des inventions nouvelles.

Rappelons, en peu de mots, ce que furent les brûlots dans le passé et les effets qu'ils produisirent malgré leurs imperfections.

Les brûlots étaient autrefois employés, soit pour agir contre des flottes, soit pour être lancés contre des ports; aussi, selon l'usage auquel on les destinait, ils étaient incendiaires ou explosifs.

Contre les flottes, on cherchait à les attacher fortement au flanc des navires ennemis à l'aide de puissants grappins; ou bien on orientait au mieux la voilure et le gouvernail, puis on dirigeait cette masse incandescente sur les escadres ennemies.

Contre les ports, on orientait le navire de façon qu'il donnât dans l'entrée; on mettait le feu à une mèche calculée pour que l'explosion se produisît au moment où le brûlot arrivait dans la passe et on l'abandonnait à lui même.

On voit que, dans la plupart des cas, il n'y avait rien d'assuré dans la direction; il fallait s'en remettre au hasard; il suffisait d'une variation de vent ou même d'une vague plus forte qu'une autre, pour faire dévier le brûlot de la direction et rendre son effet nul. Presque toujours, les navires parvenaient à l'éviter ou, une fois accrochés, à se dégager; presque toujours le but était manqué.

Mais quelquefois ces engins de destruction produisaient des effets terribles.

Notre but est de faire comprendre quels immenses résultats on obtiendrait dans les guerres maritimes actuelles, soit contre une flotte ennemie, soit contre les ports de guerre, en employant de nouveau les brûlots, non tels qu'ils existaient anciennement, mais tels qu'on pourrait les faire aujourd'hui, avec tous les perfectionne-ments apportés pendant ces dernières années aux constructions navales.

Dans de telles conditions, les brûlots seraient des engins terribles, pour ainsi dire intelligents, frappant à coup sûr, à l'endroit et à l'instant voulus, détruisant tout, non-seulement à l'aide de torpilles, de bombes et de boulets, mais encore à l'aide de projectiles énormes, du poids de plusieurs milliers de kilos lancés dans toutes les directions et, ce qui est surtout à considérer, sans exposer la vie d'un seul homme du côté de l'assaillant.

L'effet produit en pareil cas serait incalculable, tant au point de vue des dégats matériels qu'au point de vue moral ; les brûlots engageraient l'action, seraient corps de bataille proprement dit et ouvriraient la route aux frégates cuirassées et aux vaisseaux à tourelles.

Tel est le véritable rôle que nous leur assignons ; tel est le but que nous avons la conviction d'avoir atteint, ainsi qu'on le verra par l'exposé de notre système de brûlots mus par la vapeur, dirigés et faisant explosion à l'aide de l'électricité.

Notre travail se divise en deux parties:

1º La Direction ;
2º Le Brûlot.

Dans chaque partie, après l'exposé de notre système, nous énumé-rons les différentes circonstances dans lesquelles ce que nous propo-sons pourra être mis en pratique et d'une incontestable utilité ; la dernière expédition de la flotte française dans la Baltique et dans la mer du Nord, pendant la guerre de 1870-71, ne fournit que trop d'exemples à l'appui de nos assertions.

LA DIRECTION

Étant donnés deux navires à vapeur doués de vitesses égales
dont le premier, nommé *Directeur*, frégate cuirassée ou navire à
tourelles, porte son équipage ordinaire, et dont le second, nommé
Dirigé, n'a personne à bord, nous avons recherché par quel
moyen on pouvait, du directeur, agir sur le gouvernail du dirigé à
une distance de 1,000 à 1,500 mètres, comme si ce gouvernail
était manœuvré par ses timoniers habituels; en un mot, nous avons
cherché le moyen de faire exécuter au dirigé toutes les évolutions
possibles sans qu'il eût un seul homme à son bord.

L'appareil servant à la direction se compose d'un câble électrique
contenant deux fils parfaitement isolés l'un de l'autre. Ce câble
doit avoir une densité calculée de telle sorte que, sans flotter à la
surface, il ne puisse s'enfoncer dans la mer au-delà d'une faible
profondeur. Il est placé à l'arrière du dirigé et établi sur un
tambour mû par la machine, de façon que la vitesse de ce tambour
soit proportionnée à celle du navire qui le porte et qu'il puisse enrouler ou dérouler le câble plus ou moins vite, suivant que la vitesse
du dirigé est plus ou moins grande.

Le directeur porte à son avant ou dans le réduit du commandant,
si c'est un navire à tourelles, le manipulateur qui consiste en une
poignée communiquant avec une pile électrique et permettant de
faire passer le courant dans l'un ou l'autre des fils à volonté. Il est
nécessaire que cet observatoire soit placé à l'abri des projectiles et
dans un endroit culminant, d'où l'officier chargé de la direction

puisse avoir toujours parfaitement en vue le navire dirigé. Il se rendra ainsi compte, à tout instant, de la position du gouvernail du dirigé et de la marche par lui suivie.

Le câble entre dans l'eau à l'avant du directeur et pénètre dans le dirigé par l'arrière, au-dessous de la ligne de flottaison des deux navires, afin d'être, sur tout son parcours, à l'abri des projectiles.

Dans le dirigé, les fils du câble se séparent et chacun d'eux vient aboutir à un puissant électro-aimant dont la mission est d'attirer une plaque de fer doux située parallèlement à lui et à une faible distance au-dessous. Il y a donc un électro-aimant distinct pour chacun des fils.

Le passage et l'interruption du courant électrique dans l'un ou l'autre fil a pour effet d'attirer la plaque de fer doux et de la laisser retomber, en vertu de son propre poids, à sa position primitive. A l'aide d'une transmission de mouvement, chaque plaque de fer ouvre un robinet lorsqu'elle est attirée et le referme lorsqu'elle retombe.

Le rôle de l'électricité est donc d'ouvrir l'un ou l'autre des robinets placés sur le navire dirigé, selon que l'on fait passer le courant à travers l'un ou l'autre des électro-aimants.

Le gouvernail d'un navire cuirassé est une énorme masse à la manœuvre de laquelle il faut quelquefois employer jusqu'à 14 hommes. Aussi les Anglais ont adopté sur leurs navires des appareils à vapeur pour faire mouvoir le gouvernail. Un seul homme suffit alors pour manœuvrer la petite roue qui règle le jeu des tiroirs de l'appareil à vapeur.

Il est facile de comprendre que nos deux électro-aimants et les deux robinets correspondants livrent passage à la vapeur dérivée de la machine, et ont pour effet de produire le mouvement soit dans un sens, soit dans l'autre, imprimé sur les vaisseaux anglais par la petite roue aux tiroirs de l'appareil du gouvernail, de façon à faire tourner à volonté ce dernier d'un côté ou de l'autre.

Voici la disposition fort simple que nous proposons afin que l'officier chargé de la direction puisse voir, à tout instant, quelle est la position exacte du gouvernail du dirigé, par rapport à la quille de ce navire.

L'arrière du dirigé porte une grande plaque blanche divisée verticalement en deux parties égales par un trait noir ou rouge correspondant à la quille de ce navire.

Sur cette plaque, sorte de cadran, se meut une grande aiguille de couleur très-tranchante sur le fond. Le mouvement de cette aiguille est intimement lié à celui du gouvernail. Quand ce dernier se trouve dans le prolongement de la quille, l'aiguille couvre le trait marquant le milieu de la plaque ; lorsque, au contraire, il fait, à tribord par exemple, un angle de 15° avec la quille, l'aiguille marque également à droite un angle de 15° avec la ligne milieu du cadran.

Ainsi, l'homme chargé de la direction a sans cesse devant les yeux, d'une façon distincte et exacte, la position du gouvernail du dirigé par rapport à la quille de ce navire.

Il nous reste à faire une importante remarque :

Le navire directeur doit toujours avoir une vitesse maximum au moins égale, sinon supérieure, à la vitesse maximum du dirigé.

On évitera, de cette façon, que ce dernier ne gagne trop de distance, une fois abandonné à lui-même et au bout de sa course, ce qui entraînerait une tension trop considérable du câble et sa rupture, c'est-à-dire l'inutilité du dirigé, qui se trouverait ainsi soustrait à l'action du directeur.

Indiquons maintenant comment on se sert d'un navire dirigé lorsque est venu le moment de le lancer soit contre une flotte, soit contre un port.

On charge les chaudières de leur maximum d'eau et l'on garnit les foyers de combustible de façon que la machine puisse fournir la plus longue course possible sans avoir besoin d'être alimentée de nouveau d'eau et de combustible.

Nous ferons remarquer que l'on peut régler le jeu des pompes d'alimentation et de l'extraction continue de manière que le niveau

de l'eau soit maintenu toujours à peu près le même dans les chaudières.

D'un autre côté, à l'aide d'un mécanisme fort simple dont la
marche serait réglée par la machine, il est facile de faire tomber
sur les foyers des quantités égales de combustible à des intervalles
égaux. La machine se chargerait ainsi elle-même de son alimentation en eau et en combustible pendant un temps déterminé.

L'alimentation régulière et continue en combustible serait facile
pendant très-longtemps si, à ces navires spéciaux, on donnait des
machines brûlant du pétrole.

Une fois ces dispositions prises, et après avoir engrené le mécanisme qui fait mouvoir le tambour du câble, on abandonne le dirigé
et on le laisse peu à peu prendre la distance voulue, en diminuant la
vitesse du directeur.

Une fois la distance acquise, le directeur conduit le dirigé droit
au but à frapper, à l'aide des deux fils électriques.

Il est bon d'observer que, dans le cas où le dirigé ne pourra pas
atteindre le but par suite de circonstances imprévues, il sera possible
de le faire revenir sur le directeur et d'attendre pour l'aborder que
sa marche se soit ralentie, par suite du manque de vapeur provenant du manque de combustible. Il ne sera donc pas perdu.

La direction à distance peut rendre les plus grands services soit
contre une flotte, soit contre un port de guerre, soit enfin pour dégager une passe encombrée de torpilles.

Deux flottes étant en présence, pour engager l'action on pourra
lancer sur les escadres ennemies des barques porte-torpilles. L'avant
de ces navires portera une ou plusieurs torpilles à percussion qui
viendront éclater, par le choc, au-dessous de la flottaison des cuirassés ennemis; s'ils atteignent le but, ce dont nous doutons.

Dans les mêmes circonstances, on fera usage de brûlots tels que
celui dont nous donnons plus loin la description.

Puis, un port étant bloqué par une flotte ennemie ou une passe
importante étant menacée, on pourra, du port ou du rivage, lancer

au milieu de l'ennemi les deux engins précédents et les diriger à volonté, aussi sûrement qu'à bord d'un directeur.

De même, lorsqu'on attaquera un port de guerre ou que l'on voudra rendre libre une passe encombrée par des torpilles, on dirigera un ou plusieurs navires sacrifiés, barques porte-torpilles, ou vaisseaux ordinaires, dans l'entrée ou dans la passe, de façon à déterminer la rupture des obstacles ou l'explosion des torpilles qui défendront le passage. Une fois ce passage libre, on lancera contre le port un brûlot.

Dans tous ces cas, on sacrifie des navires dans un but déterminé, mais on n'expose la vie d'aucun homme puisque ces navires ne portent pas d'équipages.

LE BRULOT

Le brûlot que nous proposons doit avoir : une machine à vapeur comme propulseur; un câble électrique comme moyen de direction ; une cuirasse et un toit en fer ou en acier comme défenses; un éperon, des projectiles et les plaques de la cuirasse et du toit comme engins de destruction.

Il a des dimensions aussi petites que son épais cuirassement le lui permet; il est mû par une puissante machine à vapeur capable de lui communiquer une vitesse considérable; son gouvernail obéit à la commande de deux fils électriques, ainsi que nous l'avons expliqué.

Le navire n'a ni mâts, ni pont, ni sabords. Il se compose d'une coque recouverte d'un toit. Il doit avoir le plus faible tirant d'eau possible.

La coque est revêtue d'une très-forte cuirasse allant de bout en bout et d'une hauteur de quatre mètres dont deux au-dessous de la ligne de flottaison et deux au-dessus. Toute cette partie au-dessus de l'eau est inclinée vers l'intérieur sous un angle d'environ 22°.

L'intérieur du brûlot est protégé par un toit en fer ou en acier, soit de forme ronde, soit composé de deux parties inclinées à 45° vers les bords. Ce toit est également formé de plaques de fer très-épaisses, d'un poids et d'une force de résistance considérables.

Toutes ces plaques sont liées aussi intimement que possible aux plaques de la cuirasse du côté opposé, de façon à former du tout un assemblage extrêmement résistant à la force d'expansion des gaz, lorsque l'on fera sauter le navire.

L'avant du brûlot est très-fort et à éperon; il peut, en outre, être armé d'une ou de plusieurs torpilles détonnant par percussion, mais à la condition qu'elles soient placées de façon à n'entraver en rien la marche.

Le navire a plusieurs cloisons étanches et un double-avant intérieur, afin d'empêcher l'invasion totale de l'eau en cas du choc de l'éperon contre des obstacles ou du fond et des flancs contre des torpilles. En outre, il a un double-fond, de même que beaucoup de cuirassés anglais.

L'intérieur du brûlot est complétement vide à la partie antérieure et contient la machine à la partie postérieure. Cette machine est tout à fait isolée du reste du bâtiment à l'aide d'une très-forte cloison étanche, incombustible et mauvais conducteur de la chaleur.

La partie antérieure est remplie de fulmi-coton, de picrate de potasse, de dynamite, etc., en un mot, de toutes les matières explosibles de l'effet le plus terrible et le plus instantané, afin d'obtenir un maximum d'intensité d'explosion en un minimum de temps.

Au-dessus sont accumulés des boulets, des bombes et, lorsque le brûlot doit être lancé contre un port, des matières inflammables.

Au milieu des matières explosibles vient aboutir un second câble électrique contenant un seul fil. Ce câble est lié au câble directeur, mais assez complétement isolé pour ne pouvoir subir l'action des courants électriques lorsqu'on fait marcher le gouvernail.

Le fil destiné à mettre le feu se divise, à son arrivée, en un certain nombre de ramifications qui sont disséminées au milieu de toute la masse inflammable et qui aboutissent chacune à une boîte de composition fulminante.

Le câble affecté à l'explosion a, sur le directeur, un appareil spécial placé dans la tour du commandement, enfermé sous clef et qui ne doit jamais être qu'à la disposition du commandant du bord.

Il sera bon d'adopter pour les brûlots la nouvelle invention autrichienne qui consiste à faire disparaître dans la mer la fumée de la machine à l'aide de puissants ventilateurs mus par la machine elle même. On dérobera ainsi en partie à l'ennemi la marche de ces vaisseaux pendant la nuit.

Il est nécessaire que nous insistions sur les principales qualités que doivent avoir les navires construits en vue d'en faire des brûlots, afin de remplir entièrement le but auquel on les destine.

La structure générale de la coque doit être aussi solide, aussi résistante que possible, surtout dans les doubles-fonds. L'avant doit en particulier être fortement constitué. En effet, le navire, outre le choc des boulets du plus fort calibre qu'il recevra au moment où il arrivera soit à proximité de la flotte ennemie, soit dans l'entrée d'un port, aura encore à subir deux chocs différents qui produiront un ébranlement général de sa coque; d'abord, celui de son propre éperon, s'il vient à heurter le flanc d'un cuirassé ennemi ou à se jeter à toute vitesse sur les obstacles barrant l'entrée d'une passe; puis, ceux causés par l'explosion des torpilles qui éclateront sous ses fonds ou plutôt à proximité de ses flancs.

Malgré cette puissante structure, les brûlots doivent n'avoir que le plus faible tirant d'eau possible, afin de pouvoir pénétrer dans toutes les passes et naviguer le long des côtes. Il est indispensable de leur donner assez de creux pour qu'ils puissent tenir la mer par tous les temps, pour qu'ils aient une stabilité suffisante. En même temps leurs formes doivent leur assurer un maximum de vitesse très-élevé. Les Constructeurs devront donc s'attacher surtout à remplir ces deux conditions essentielles : le plus faible tirant d'eau et la vitesse la plus grande possibles.

Il faut se rappeler, en effet, qu'il est un principe capital et incontestable dans le cas d'un combat naval : deux flottes d'égale force se trouvant en présence, la victoire sera assurée à celle qui aura une marche supérieure et les meilleures qualités giratoires. Ces deux conditions seront indispensables pour un bâtiment tel que celui que nous proposons; elles lui permettront :

1° D'agir énergiquement avec son éperon et son avant, soit pour enfoncer le flanc d'un cuirassé, soit pour briser les obstacles barrant l'entrée d'un port;

2° D'offrir moins de prise aux boulets de l'ennemi et de rester moins longtemps exposé à leur action, surtout depuis le moment où il arrivera à bonne portée de l'artillerie jusqu'à l'instant où il aura atteint le but, flotte ou port, et où il sautera ;

3° D'éviter plus facilement les torpilles en les franchissant rapidement, en produisant un remous considérable, en ne laissant à l'ennemi qu'un court intervalle pour juger du moment précis où elles devront éclater dans le cas où on y mettrait le feu à l'aide de l'électricité, en les dépassant avant que leur effet ait pu se produire, enfin en rendant inefficace le remorquage employé pour les torpilles Harvey ;

4° De pouvoir atteindre les vaisseaux ennemis, le fuyant ou évoluant pour l'éviter, et d'avoir la possibilité de les frapper dans le flanc avec son éperon ou ses torpilles d'avant.

Nous recommandons de former le toit de plaques en fer, plutôt petites que grandes, afin que, lors de l'explosion, il se produise plus d'éclats.

Lorsque l'on voudra se servir du brûlot, il faudra se conformer à ce que nous avons dit plus haut, en parlant de la direction, pour le chargement de la machine et pour le déroulement des deux câbles.

Le commandant du Directeur devra être seul juge du moment favorable pour l'explosion ; il devra apprécier s'il est plus avantageux de diriger le brûlot sur un seul vaisseau ennemi ou au milieu même de l'escadre et à quel moment il faudra mettre le feu.

Pour bien se rendre compte de l'effet produit par l'engin de destruction que nous proposons, il ne suffit pas de se reporter au passé ; il faut aussi songer que les projectiles lancés dans toutes les directions, soit contre un port, soit contre une flotte, seront non-seulement les boulets et les bombes dont chaque brûlot sera chargé, mais encore les plaques mêmes de ses flancs et de son toit.

C'est pour que l'action en soit plus énergique que nous avons recommandé d'abord d'incliner les flancs intérieurement à 22 degrés, puis de lier aussi intimement, aussi fortement que possible le toit aux flancs.

D'un autre côté, comme nous conseillons, afin d'avoir plus d'éclats, de n'employer que des plaques de petites dimensions, admettons que chacune d'elles ait 1 mètre de largeur sur 2 mètres de longueur et 0^m20 d'épaisseur.

Le cube de chaque plaque sera, dans ces conditions, représenté par :

$$1^m \times 2^m \times 0^m20, \text{ soit } 400 \text{ déc. cubes.}$$

La densité du fer étant égale à 7,8, nous aurons pour le poids de ces 400 décimètres cubes :

$$400 \times 7, 8, \text{ soit } 3,120 \text{ kilos.}$$

Ces énormes masses de fer lancées dans toutes les directions et frappant horizontalement, comme des boulets, ou verticalement, en retombant comme des bombes, écraseront tout ce qui se trouvera sur leur passage.

On voit donc quelle différence il y aura entre les anciens brûlots, livrés aux hasards du vent et de la mer, et ces nouveaux engins de destruction conduits directement et sûrement au but, frappant l'ennemi au moment le plus propice et au commandement, en un mot, agissant comme des êtres doués de vie et d'intelligence.

Je n'ai pas joint de plans à mon travail ; le simple exposé de mes idées m'a paru suffisant.

C'est à chaque constructeur à établir un brûlot d'après ses idées personnelles et de façon à remplir les conditions essentielles d'un semblable engin : une forte structure, une marche supérieure, des qualités giratoires de premier ordre, fort peu de prise aux projectiles ennemis, un faible tirant d'eau.

De même pour la direction ; je pense que chaque électricien doit être libre d'adopter un appareil à lui remplissant les conditions voulues.

C'est ainsi que, pour simplifier et rendre plus clair l'exposé de mon système, je n'ai parlé que du gouvernail dirigé au moyen de deux fils. Mais, en réalité, un seul fil suffira pour faire aller le gouvernail dans un sens ou dans l'autre, et pour faire marcher le tambour portant le câble soit en avant, soit en arrière. Pour cela, on aura sur chaque navire, directeur et dirigé, des cadrans électriques portant des divisions correspondantes avec ces indications : — Zéro, barre à tribord, barre à bâbord, enrouler, dérouler, etc. Pour chacune de ces divisions, l'électricité passera dans un fil distinct après son arrivée sur le cadran du navire dirigé.

Toutefois, il me paraît indispensable qu'il y ait un fil spécial et parfaitement isolé pour l'explosion. On évitera ainsi toute erreur pouvant avoir des conséquences terribles.

DISCUSSION DES OBJECTIONS

On a vu, par les lettres du Ministère de la marine, que les objections faites, en 1862 et en 1868, à notre proposition de brûlots se réduisent à deux :

1° Difficulté de la direction ;
2° Dépense trop considérable.

En examinant l'une après l'autre ces deux objections, il nous sera facile de démontrer qu'elles n'ont aucune valeur.

1° Difficulté de la direction :

Nous ne nous arrêterons pas à discuter la question de la direction d'un brûlot contre une flotte, c'est-à-dire en pleine mer.

Depuis quelques années des expériences nombreuses et concluantes ont été faites sur cet objet, non-seulement en Europe, mais encore en Amérique. Il en est résulté que la direction d'un navire à vapeur à distance et à l'aide d'un câble électrique est maintenant un fait acquis, passé du domaine de la théorie dans celui de la réalité.

Nous ne pouvons croire que le Ministère de la marine française ne soit pas au courant de toutes les innovations de ce genre tentées à l'étranger. Il doit donc, mieux que nous, savoir maintenant à quoi s'en tenir là-dessus. Mais, s'il lui restait encore quelques doutes, une dernière expérience est facile à faire et peu coûteuse avec deux navires à vapeur quelconques, l'un jouant le rôle de directeur, l'autre celui de dirigé.

Que les essais soient faits d'abord à 100 mètres, puis à 200 mètres, puis à 500 mètres, enfin à 1,000 et 1,500 mètres, et nous garantissons que, après quelques tâtonnements, on arrivera en peu de temps à former, pour ce genre de direction, des timoniers spéciaux qui manœuvreront le gouvernail d'un dirigé avec presque autant de certitude que s'ils le tenaient en main.

Avant de soumettre, pour la première fois, notre travail à l'examen du Ministère, nous avons consulté, sur notre mode de direction à distance, des officiers de marine et surtout les pilotes les plus expérimentés. Tous, sans exception, nous ont garanti le succès, soit contre une flotte en pleine mer, soit même contre une rade ou un port de guerre ayant une entrée très-large.

Mais une sérieuse objection nous a été faite relativement aux ports ayant une passe praticable réduite à 100 mètres et au-dessous.

Tout le temps que dure le maximum du flot, il se produit, devant la plupart de ces passes étroites, un courant violent les prenant en travers, rejetant les navires en dehors du chenal et les faisant échouer sur l'une des rives; ceci arrive fréquemment, surtout par les temps de calme.

A cela nous pourrions répondre que rien ne forcera à lancer un brûlot dans un port, juste pendant le fort du flot, qu'il sera bien plus naturel d'attendre le moment de la pleine mer, où l'on aura le maximum d'eau et pas de courant.

Nous préférons faire observer que les navires à voiles sont entraînés hors de leurs routes lorsqu'il n'y a pas assez de vent pour leur permettre de surmonter les courants; que les vapeurs subissent les mêmes effets parce que, en entrant dans les ports, ils sont obligés de réduire leur vitesse presque à un minimum.

Tel n'est pas le cas d'un brûlot pour lequel la condition essentielle de réussite, même lancé contre un port, est de donner dans la passe avec son maximum de vitesse. L'action des courants, quels qu'ils soient, sera donc nulle sur lui, et, vu sa force de propulsion, il ne cessera pas un seul instant d'obéir à la commande de son gouvernail.

2° Dépense :

Pour démontrer le peu de valeur de la seconde objection qui nous a été faite par le Ministère de la marine, « la dépense considérable à faire pour avoir un nombre suffisant de brûlots, » il faut examiner ce que coûte actuellement une grande guerre et le prix de revient d'un cuirassé de premier ordre.

A notre époque, ce n'est pas par millions, mais par milliards que se décompte le coût d'une grande guerre. L'exemple de 1870-1871 est trop récent pour que nous ayons besoin de nous appesantir sur cette considération.

Les indemnités exigées par Napoléon 1er des peuples qu'il avait vaincus ne sont rien en comparaison des cinq milliards payés par nous à la Prusse, rien surtout à côté de la rançon que cette puissance nous demanderait si elle était à même de recommencer la guerre. Les regrets exprimés à tout instant par ses hommes d'État ne peuvent laisser aucun doute à cet égard.

Il est utile de remarquer que, lors de la guerre franco-prussienne, les dépenses et les désastres se sont presque bornés à ceux provenant des armées de terre; les marines des deux nations n'ont joué, sur mer, qu'un rôle secondaire et les pertes infligées à leurs vaisseaux et à leurs arsenaux ont été nulles.

En sera-t-il de même lors de la prochaine grande guerre européenne? Assurément non! Aussi croyons-nous pouvoir affirmer que cette guerre ne coûtera pas moins de trois milliards, au minimum, à la nation victorieuse. A combien se monteront les dépenses et les pertes des vaincus!

En France, le prix d'un cuirassé de première grandeur varie de cinq à sept millions. Adoptons la moyenne de six millions. Nous doutons que, à l'avenir, on puisse établir un vaisseau à tourelles ou une frégate cuirassée au-dessous de ce chiffre.

En Angleterre, le prix de revient moyen est de neuf millions.

Nos brûlots devront avoir les dimensions d'un garde-côte ; ils ne se composeront que d'une coque et d'une machine ; ils n'auront ni l'artillerie, ni les aménagements intérieurs, ni les approvisionnements de toute espèce qui augmentent dans une notable proportion le prix de revient d'un cuirassé armé Nous sommes donc plutôt au-dessus qu'au-dessous de la vérité en fixant à deux millions le chiffre maximum du coût de chaque brûlot tout paré.

Douze reviendraient à vingt-quatre millions, vingt à quarante. Douze nous paraît être un nombre suffisant pour soutenir une grande guerre et vingt le maximum nécessaire à la France, eu égard à sa puissance maritime, à l'effectif de ses grands cuirassés, lorsque sa flotte de combat aura acquis le développement fixé par le programme de 1872.

Ces sommes de vingt-quatre ou de quarante millions sont tout à fait insignifiantes en comparaison des trois milliards que coûterait une guerre même heureuse.

Mais leur faiblesse relative est encore bien plus évidente si l'on examine à quels résultats considérables on peut arriver, quelles pertes immenses on peut faire éprouver sur les océans à l'ennemi en employant contre ses flottes et contre ses ports le nouvel engin de destruction que nous proposons.

Comme nous le disions précédemment, il est plus que probable que, dans les prochaines guerres maritimes, l'éperon jouera le principal rôle ; les flottes, après s'être observées et rapprochées, se précipiteront l'une sur l'autre et chercheront à couler leurs adversaires par le choc.

C'est d'après cette pensée que sont établies les règles de la tactique navale actuelle. D'après ces règles, les navires ne doivent plus se présenter au combat ni en ordre de colonne, ni en ordre de bataille déployé, mais en ordre de bataille par escadres de trois ou quatre cuirassés formant soit un triangle, soit un losange. La lutte sera donc à l'avenir entre des escadres de trois ou quatre, opposées à des escadres semblables et, dans chaque escadre, pour ainsi dire, unité contre unité.

Le but vers lequel on doit tendre est donc de détruire les unités supérieures de l'ennemi par le sacrifice d'unités inférieures et surtout en ménageant la vie des hommes. Or, ce but est complétement atteint par nos brûlots.

En effet, supposons une ligne de bataille formée de trois escadres de quatre cuirassés chaque. En estimant seulement à six millions le prix de chaque cuirassé on aura, pour la valeur d'une escadre, vingt-quatre millions et soixante-douze pour la valeur totale de l'une des flottes.

Si l'autre a également trois escadres et que, en avant de chacune d'elles, pour commencer le combat, on lance un brûlot, cet engin sera dirigé sur le vaisseau de tête de chaque escadre ennemie et sautera soit au moment de sa rencontre avec ce vaisseau, soit lorsqu'il sera arrivé à sa proximité.

Or, d'après la nature et le poids des projectiles lancés dans toutes les directions, nous posons en principe que chacun de nos brûlots détruira au moins un vaisseau cuirassé ennemi. Ce sera le cas le plus rare ; car il y a presque certitude, vu l'ordre de bataille actuel, que les autres navires de l'escadre seront, eux aussi, plus ou moins atteints.

Ainsi, sans exposer la vie d'un seul homme et avec un sacrifice de deux millions, on infligera à l'ennemi une perte d'au moins tout un équipage et de six millions. En tout, et dans le cas supposé, avec six millions, on lui fera perdre au minimum dix-huit millions, plus trois équipages.

A ce premier résultat obtenu, il convient d'en ajouter un autre d'une extrême importance pour la suite du combat : l'effet moral produit sur les équipages des navires plus ou moins atteints de l'ennemi et même sur ceux restant intacts.

Nous croyons que cet effet sera considérable et que l'action de la flotte réelle de combat, c'est-à-dire des frégates cuirassées et des navires à tourelles, sera singulièrement préparée et facilitée après ce premier assaut subi par l'ennemi.

En réalité, nos brûlots doivent, dans les combats sur mer, jouer le même rôle que l'artillerie dans les batailles sur terre ; ils doivent servir à engager l'action.

Les effets de nos brûlots sur les ports de guerre seront encore plus complets et plus destructifs que contre les flottes. Il suffira d'un seul faisant explosion, non pas même dans l'intérieur d'un port, mais seulement à son entrée, pour le détruire de fond en comble et le livrer à l'assaillant.

A l'appui de cette assertion, citons un seul exemple pris dans le passé :

Le 26 novembre 1693, les Anglais lancèrent un brûlot contre Saint-Malo ; une légère variation du vent le fit échouer, à l'entrée du port, sur un rocher où il fit explosion. Bien que le but fût manqué, la commotion fut telle que les fenêtres et les toits des maisons se brisèrent. Si le navire avait donné dans la passe, la ville eût été détruite de fond en comble.

Ce seul exemple nous semble suffisant pour démontrer l'effet que produiront nos brûlots contre les ports de guerre, surtout en faisant entrer en ligne de compte la différence considérable qu'il y a entre la construction, la force de projection, le poids et la portée des projectiles de nos engins, et de ceux que l'on employait sous Louis XIV.

Il y a, du reste, un moyen très-facile de se rendre un compte exact de l'effet produit : que l'on fasse construire un petit modèle dont toutes les parties seront proportionnées à celles d'un brûlot, qu'on lui mette une charge proportionnelle à la charge réelle et qu'on le fasse sauter. Par le nombre, le poids, la dispersion et la portée des éclats du modèle, on pourra exactement juger de l'effet produit par le navire réel.

En face des résultats assurés, soit contre les flottes, soit contre les ports de guerre, dira-t-on encore que la dépense sera trop élevée ? Il nous semble que soutenir une telle opinion, ce serait nier l'évidence.

Il est une dernière objection qui ne nous a pas été faite, mais à laquelle nous tenons à répondre avant même qu'on l'ait formulée.

A nos brûlots on peut opposer les torpilles, ces engins nouveaux qui paraissent devoir jouer un si grand rôle dans l'avenir, surtout pour la défense des ports. On peut nous dire que quelques torpilles suffiront pour annuler l'action de nos brûlots, pour les couler.

Examinons si ce résultat pourra être obtenu aussi facilement.

On peut diviser les torpilles actuelles en trois classes :

1° Les torpilles fixes ;

2° Les torpilles remorquées ou divergentes ;

3° Les torpilles mobiles ou auto-motrices.

1° Les torpilles fixes sont semées dans une rade ou sont placées sur un ou plusieurs rangs, au travers d'une passe. En général, elles sont maintenues à des profondeurs plus ou moins grandes, à l'aide d'ancres ou de poids considérables. Elles détonnent soit par percussion, le choc étant produit par le corps du navire venant heurter l'une d'elles, soit par l'électricité, le courant étant envoyé de terre à l'instant où le navire est juste au-dessus de la torpille. Un système mixte d'inflammation consiste en ce que, au moment où le navire rencontre la torpille, un courant électrique se produit par suite du choc, et ce premier courant donne naissance à un second plus fort qui fait éclater la torpille. C'est donc à la fois l'inflammation par percussion et à l'aide de l'électricité.

Ce premier genre de torpilles présente de nombreux inconvénients. D'abord, il est reconnu que, au bout d'un certain temps, les charges des torpilles et les conduits électriques ou les percuteurs se détériorent, et que l'inflammation ne peut plus se produire. Ces torpilles n'ont alors d'autre effet que celui d'une dépense considérable et inutile.

Puis, si l'on adopte le système à percussion, les torpilles sont aussi dangereuses pour tous les navires. Les vaisseaux amis ne peuvent plus ni entrer dans le port ni en sortir ; la passe est interdite à tous; la rade ou le port se trouve bloqué par lui-même, par ses propres défenses.

Ensuite, l'expérience a démontré que les torpilles n'ont d'action réelle, effective sur un grand cuirassé qu'à une distance très-rapprochée, presque au contact. Aussi, il faut les mettre près l'une de l'autre pour que les vaisseaux ne puissent passer impunément dans leurs intervalles. Mais, d'un autre côté, l'expérience a également démontré que des torpilles se trouvant assez rapprochées, si l'une d'elles vient à éclater, les torpilles voisines, dans un rayon assez étendu, sont tellement impressionnées par l'énergique refoulement de l'eau qu'elles sont mises hors de service.

Il s'ensuit qu'il faut, pour se servir utilement d'une ligne de torpilles, les faire éclater toutes à la fois ou les placer à des distances telles les unes des autres que les navires aient l'espace suffisant pour passer entre elles sans souffrir de leur action.

Enfin, une fois qu'une torpille ou une ligne de torpilles a éclaté, il est impossible de la remplacer immédiatement; ce qui fait que tout ennemi qui voudra sacrifier un navire de second ordre, sera certain d'avoir, après son passage, l'entrée libre pour ses grands vaisseaux de combat.

Ajoutons à cela que toutes les expériences faites jusqu'à ce jour l'ont été sur des radeaux ou sur de vieux navires en bois revêtus, quelquefois, de plaques de cuirasse, et que l'on amenait juste au-dessus des torpilles ou à leur proximité; mais que jamais l'expérience seule véritable, réelle n'a été tentée. En lançant à toute vitesse un navire très-fortement constitué à travers une passe encombrée de torpilles, on eût vu si, dans ces conditions, les torpilles soit percutantes, soit électriques, produisaient sur ce vaisseau l'effet que l'on attend en théorie.

Tant que cette preuve n'aura pas été donnée, nous soutiendrons que, sauf de rares exceptions dues à un heureux hasard, le remous considérable produit par la masse du navire, amenant le dérangement des torpilles, ajouté à sa vitesse, produisant une très-grande incertitude sur le moment précis et très-court où l'éclatement devra avoir lieu, feront qu'il n'éprouvera aucune avarie et que tout l'effet des torpilles se bornera à des secousses plus ou moins violentes.

Nous croyons également que, en plaçant à l'avant des vaisseaux de guerre l'armature dont nous allons donner une idée en parlant des torpilles Harvey, on arrivera encore bien mieux à franchir sans avaries toutes les passes défendues par des torpilles fixes.

En ce qui concerne nos brûlots, nous rappellerons que leurs qualités essentielles doivent être : un faible tirant d'eau, une très-forte structure dans les fonds et à l'avant, une vitesse considérable ; trois conditions qui devront leur permettre d'avoir fort peu à souffrir de l'effet des torpilles fixes.

Dans tous les cas, nous n'avons qu'à rappeler l'exemple de 1693 pour constater que, même éclatant dans une passe avant de l'avoir entièrement franchie, ils atteindront encore le but : la destruction complète du port attaqué.

Enfin, il est facile de les faire précéder d'un navire de moindre importance, sacrifié, et dirigé à l'aide d'un câble électrique. Ce navire provoquera l'éclatement des torpilles et rendra la passe libre, au moins en grande partie, puisque le remplacement immédiat des torpilles fixes ne peut avoir lieu.

2° Les torpilles Harvey sont remorquées à l'arrière des vaisseaux de guerre. A l'aide d'un mécanisme spécial, elles peuvent être lancées jusqu'à une distance assez considérable à droite ou à gauche et en arrière de ces navires ; elles sont donc divergentes. En outre, une fois arrivées à hauteur du vaisseau ennemi, en lâchant la remorque, on peut les faire couler de telle quantité que l'on veut, de façon qu'elles éclatent au-dessous de la cuirasse.

Les objections à faire au sujet de ces torpilles sont également nombreuses.

Nous commencerons par remarquer que, comme pour les torpilles fixes, on n'a jamais fait d'expérience réelle sur un cuirassé lancé à toute vitesse, mais qu'on s'est borné à essayer les torpilles Harvey soit sur des navires à l'ancre, soit sur des bâtiments à voiles ayant une vitesse inférieure à celle du vapeur remorquant les torpilles.

Or, entre ces expériences faites contre des navires en bois immobiles et celles tentées contre des cuirassés lancés à toute vitesse, il y a autant de différence qu'entre les expériences de tir contre des cibles fixes et perpendiculairement à leur surface, et contre les tours des cuirassés marchant au maximum de leur vitesse. Dans ce dernier cas, les buts sont essentiellement mobiles, les boulets ont de grandes chances de ne pas les atteindre ou, lorsqu'ils les frappent, ils ne rencontrent les surfaces que sous un angle plus ou moins aigu et ont, en outre, contre eux la vitesse de translation du but.

Pour admettre que dans la réalité, en cas de combat, les excellents résultats obtenus dans les expériences avec les torpilles Harvey puissent se réaliser, il faudrait que des navires très-bons marcheurs, doués d'une vitesse supérieure à celle des cuirassés, en un mot, de simples avisos ou des barques porte-torpilles, pussent croiser les vaisseaux de l'ennemi et, après les avoir dépassés, leur faire éclater une torpille Harvey sous les flancs. Or, quand on considère le calibre énorme des canons actuels, quand on pense qu'il suffit d'un seul de leurs boulets pour couler un aviso, une telle supposition est insensée.

Examinons donc le seul cas probable, celui où deux cuirassés, lancés à toute vitesse l'un contre l'autre, chercheront à se frapper de leur éperon.

Alors, il est bien évident que les navires se présenteront réciproquement leur avant, attendu que, si l'un d'eux, pour faire usage de la torpille remorquée, voulait croiser la route de son adversaire, il serait obligé de lui présenter le flanc et risquerait de recevoir en plein l'éperon de son ennemi et d'être coulé.

La réalité sera donc que deux navires, courant par l'avant l'un sur l'autre, s'étant évités ou ne s'étant pas coulés, viendront à se dépasser et feront usage de leurs torpilles Harvey.

Dans ce cas, la torpille aura dû être jetée à l'eau avant que les navires soient en contact ou à hauteur; il pourra donc très-bien se faire ou que le vaisseau ennemi passera entre son adversaire et la torpille, ou, la vitesse des deux navires étant à ce moment au maximum, que la torpille n'aura pas le temps de faire sa course divergente, ou, enfin, qu'elle n'aura pas le temps d'être coulée et qu'elle viendra frapper la cuirasse près de la surface de l'eau, endroit peu vulnérable.

En admettant les circonstances les plus favorables, il est évident que, dans toutes les occasions semblables, le vaisseau viendra heurter la torpille remorquée, non avec le flanc, mais avec son avant, c'est-à-dire avec l'endroit le plus résistant.

Il est un moyen que nous croyons réalisable et efficace pour protéger l'avant des navires contre les torpilles quelles qu'elles soient, pour les empêcher de glisser le long des flancs et pour les forcer à éclater à une certaine distance de la coque. Voici à l'aide de quelle disposition :

Chaque cuirassé devrait porter à son avant une série de barres de fer horizontales, réunies deux à deux en forme de faulx, de façon à se terminer en pointe ; ces pointes s'avanceraient de chaque côté de l'éperon jusqu'à environ la moitié de sa longueur totale ; la distance entre deux extrémités voisines, soit dans le sens horizontal, soit dans le sens vertical, serait telle que le passage de l'eau fût parfaitement libre, afin de ne pas gêner la marche du navire, mais aussi telle que nulle torpille ne pût passer entre elles ; les rangées extrêmes de ces faulx seraient, dans le sens horizontal, à hauteur de la ligne de flottaison et de la quille ; dans le sens vertical, elles s'écarteraient de la ligne milieu du navire jusqu'à une distance égale au moins à sa plus grande largeur.

Étant admis que, en cas de combat, les navires doivent toujours présenter l'avant à l'ennemi, nous croyons ce mode de protection très-praticable pour forcer les torpilles, qui se trouveraient sur la route des cuirassés, à éclater à une distance non efficace de la coque.

Si nous considérons les torpilles Harvey au point de vue de nos brûlots, il nous suffira de rappeler que l'on doit faire éclater ces derniers soit lorsqu'ils sont arrivés au contact du navire tête d'escadre, soit lorsqu'ils se trouvent à sa hauteur, c'est-à-dire avant que les torpilles remorquées aient pu arriver jusqu'à eux.

3° Les torpilles mobiles ou auto-motrices peuvent se classer en plusieurs catégories :

Celles qui sont lancées par les barques porte-torpilles ;

Celles que les cuirassés peuvent eux-mêmes projeter en avant d'eux;

Enfin, les torpilles auto-motrices proprement dites dont les principales sont celles d'Éricsson, de Lay, de Porter et de Whithead.

Le rôle des barques porte-torpilles paraît devoir être nul pendant le jour; elles sont visibles, et bien qu'elles ne présentent au-dessus de l'eau qu'une carapace arrondie, il sera toujours facile à un cuirassé de les éviter et de les couler avec son artillerie.

Elles ne peuvent être employées utilement que pendant la nuit, contre une flotte au repos ou bloquant un port.

Or, dans ce cas, la flotte se mettra à l'abri de leurs attaques en ayant, à 1,500 ou 2,000 mètres devant elle, une chaîne de gros câbles soutenus par des tonneaux et munie de place en place de signaux tels que des fusées partant à la suite d'un choc violent et indiquant l'endroit exact où la barque porte-torpilles se trouvera; des avisos pourvus de puissantes lumières électriques seront en croisière pendant toute la nuit en avant du câble; ils auront bientôt inondé de lumière et coulé bas l'agresseur.

Il faut reconnaître que peu de puissances maritimes fondent de l'espoir sur ce mode d'attaque. Il en est de même pour les torpilles portées au bout d'espars, par des barques ou par des vapeurs ordinaires, le long des vaisseaux ennemis. Ces tentatives ne peuvent avoir une chance de succès qu'au milieu de la confusion d'un combat, à l'aide des canots à vapeur des cuirassés, et encore en admettant que, dans de telles circonstances, on puisse arriver à mettre ces canots à la mer, ce qui est fort douteux.

Quant aux cuirassés lançant eux-mêmes des torpilles à leurs adversaires, est-ce réalisable?

Dans le combat, la vitesse d'un navire doit être à son maximum, puisque c'est peut-être là le principal élément de supériorité et de succès. Or, les torpilles auto-motrices et sous-marines n'ont qu'une faible vitesse en comparaison de celle des vaisseaux de guerre; une torpille lancée d'un cuirassé contre un autre cuirassé devra donc atteindre ce dernier moins vivement que le navire qui l'aura lui-même projetée par son avant.

Quant à la projeter par le flanc, ceci nous semble inutile attendu que, dans la rencontre de deux cuirassés, ou il y aura choc et contact, ou les deux navires passeront l'un à côté de l'autre et à une certaine distance.

Dans le premier cas, la torpille ne pourra pas être lancée sous peine de faire au moins autant de mal au navire qui la lancera qu'à son adversaire.

Dans le second cas, le croisement des navires ne durera qu'un instant et la torpille n'aura pas le temps d'atteindre le but.

Enfin, nous dirons une fois encore, que, du moment où le vaisseau attaqué par des torpilles sera en marche, il rencontrera forcément par son avant ces torpilles soit remorquées, soit auto-motrices.

Il reste donc à discuter, comme engin sérieux, les torpilles auto-motrices envoyées de loin sur un but déterminé; telles sont celles d'Ericsson, de Lay, de Porter et de Whithead.

Nous ne nous occuperons que de la dernière qui paraît très-supérieure aux trois autres.

Toutefois, nous ferons une observation à propos du bateau porte-torpilles Lay; son moyen de direction est analogue à celui que nous proposons. Est-ce pour cela que le Ministère nous a répondu, en 1873, qu'un système semblable au nôtre était exécuté aux États-Unis ? S'il en est ainsi, notre réponse est bien facile : la torpille Lay a été inventée en 1870; c'est en 1861 que nous avons adressé, pour la première fois, au Ministère, notre moyen de direction à distance à l'aide d'un câble électrique.

La torpille Whithead a environ un demi-mètre de diamètre au centre; elle est en forme de poisson, pointue aux deux bouts; à l'extrémité postérieure se trouve une hélice mue par l'air comprimé et un gouvernail de forme particulière, permettant à la torpille de se prolonger sans varier, en ligne droite, sur une direction première donnée et de se maintenir toujours à une certaine profondeur au-dessous du niveau de l'eau.

A la partie antérieure, dans la tête, se trouve la charge formée de poudre-coton; au centre, la machine; à la partie postérieure, dans la queue, la chambre à air.

La charge s'enflamme par percussion, au moment où la tête vient butter contre un obstacle.

L'air de la machine est comprimé à 35, 50 et 55 atmosphères et donne des vitesses diverses de huit à dix nœuds.

L'espace maximum que peut parcourir cette torpille sous l'eau, sans varier de direction, est d'environ 1,500 mètres; cette course est effectuée en six minutes trente secondes.

La Torpille peut être lancée soit sous l'eau, par un tube, soit du bord d'une embarcation; dans les deux cas, elle ne s'enfonce pas au-delà de la profondeur réglée par son gouvernail; pendant tout son trajet elle est invisible.

Les expériences faites avec cette torpille ont très-bien réussi; mais il faut remarquer que, comme toujours, le but était fixe; que la route suivie par l'engin était une ligne droite; que, là encore, l'expérience seule réelle et probante, contre un but mobile, n'a pas été faite. Enfin, la torpille, une fois lancée, devenant invisible, on ne sait plus où elle est pendant tout son trajet.

Si la torpille suit sa marche directe, sans dévier, dans des eaux calmes, quelle sera sa conduite par une grosse mer, lorsqu'elle rencontrera sur sa route de forts courants, ou quand elle se trouvera simplement à portée du remous causé par un grand cuirassé marchant à toute vitesse? Il est permis, jusqu'à preuve du contraire, d'affirmer que, dans toutes ces circonstances, elle déviera.

Comme les autres torpilles auto-motrices, elle ne peut être employée contre un navire en marche; son action doit se borner à attaquer des navires au repos, une flotte en blocus ou au station. Or, comme elle ne peut être envoyée sûrement au-delà de 1,500 mètres, il sera toujours facile d'employer contre les barques ou les vapeurs qui la lanceront, les moyens de préservation que nous avons déjà cités, câbles et avisos postés à 2 kilomètres en avant de la flotte.

Quant à se servir des torpilles Whithead pendant un combat, elles présenteraient les mêmes inconvénients que ceux signalés à propos des torpilles Harvey; elles ont une vitesse moindre que celle des vaisseaux de guerre; elles seraient forcément rencontrées par l'avant des navires contre lesquels elles seraient lancées; enfin, étant invisibles pendant tout leur trajet, elles pourraient, dans une mêlée, devenir aussi dangereuses pour les escadres amies que pour l'ennemi.

De cette courte étude sur les torpilles inventées et essayées jusqu'à ce jour, nous croyons pouvoir tirer les conclusions suivantes :

Une flotte soit en blocus, soit en action, peut se préserver des torpilles ;

En blocus, en ayant à deux kilomètres en avant d'elle une ligne de forts câbles flottants à l'aide de barils et en faisant, pendant la nuit, croiser devant cette ligne quelques avisos pourvus de puissantes lumières électriques ;

En action, en prenant le maximum de vitesse aussitôt à bonne portée de l'ennemi, en attaquant de suite avec l'éperon de façon à toujours présenter l'avant à son adversaire jusqu'au moment de la rencontre des deux flottes.

Dans tous les cas, nous croyons utile de pourvoir l'avant de nos vaisseaux de guerre des défenses en forme de faulx dont nous avons donné la description.

Ces observations s'appliquent également à nos brûlots.

Ainsi, en l'état actuel, nous trouvons l'importance des torpilles très-exagérée. Nous pensons que leur usage donnera lieu à de grandes déceptions; qu'il est des moyens efficaces de les éviter et d'en préserver les navires; enfin, qu'elles ne sont un obstacle ni au forcement d'une passe, ni au blocus d'un port, ni à l'attaque d'une flotte.

En un mot, selon nous, la question des torpilles se résume présentement en ces mots : beaucoup de théorie, fort peu de résultats réels.

Bien que ce soit, peut-être, en dehors du sujet spécial de cette étude, il n'est pas inutile de la terminer par l'examen des conditions essentielles que devrait remplir une torpille pour être utilisable en tout temps et pour produire les résultats que l'on recherche.

Cette torpille devrait : avoir, comme première qualité, une vitesse au moins égale, sinon supérieure, à la vitesse maximum des navires de guerre ; être invisible pour l'ennemi, en même temps que, par un indice certain, sa position serait toujours révélée à ceux qui la lanceraient ; se maintenir à une profondeur constante au-dessous de la surface de l'eau, quel que fût l'état de la mer ; avoir sans cesse son gouvernail en communication avec son point de départ ; en un mot, il faudrait que l'on sût toujours où elle est et qu'on en fût toujours maître.

Ces conditions sont-elles réalisables ? Nous le croyons ; voici comment :

Cette torpille devrait être composée d'un corps cylindrique, en forme de baril, tel que les diamètres allassent en croissant depuis les extrémités jusqu'au centre ; le diamètre maximum central aurait environ un mètre ; ce corps cylindrique se terminerait à chaque extrémité par des surfaces coniques dont les bases s'appuieraient sur les plus petits cercles et dont les sommets seraient engendrés par des lignes droites formant l'avant et l'arrière de la torpille.

A l'avant serait la charge détonnant soit par percussion, soit par l'électricité fournie par un petit câble de direction.

Au centre seraient deux machines à air comprimé, ou à acide carbonique liquéfié, ou même l'une à air, l'autre à acide. La première de ces machines ferait mouvoir deux hélices placées de chaque côté du corps cylindrique et juste à hauteur du milieu ; la seconde donnerait le mouvement à une troisième hélice située entre l'arrière et le gouvernail ; en même temps, cette seconde machine ferait tourner le tambour, portant le câble électrique, avec une vitesse proportionnée à la marche de la torpille.

A l'arrière serait la chambre du câble, laquelle communiquerait avec la mer. A mesure que le câble serait déroulé, l'eau remplirait cette chambre; ainsi, le câble devant avoir la même densité que l'eau de mer, l'équilibre de la torpille serait constant de ce côté.

Le poids total de l'engin serait calculé de façon que, l'acide carbonique ou l'air comprimé étant épuisé, ce poids fût un peu supérieur à celui de son déplacement; elle ne pourrait donc jamais flotter.

Aux deux extrémités du corps cylindrique et à la partie supérieure seraient fixés deux petits câbles métalliques recouverts d'une substance isolante et d'une longueur de quatre à cinq mètres. Chacun de ces câbles serait attaché à l'avant d'un flotteur en forme de poire, afin que, en les entraînant dans sa course, la torpille forçât toujours ces flotteurs à avoir leurs pointes dans la même direction que l'avant de la torpille.

Les flotteurs seraient aussi petits que possible; leur volume total, c'est-à-dire le déplacement des deux, serait calculé de manière à être environ le double de l'excédant du poids total de la torpille sur son déplacement; ils empêcheront l'engin de couler.

Du reste, la différence entre les poids de la torpille au commencement et à la fin de sa course sera très-minime, puisqu'elle se bornera au poids de l'air comprimé ou de l'acide carbonique employé comme moteur. En effet, le poids du câble de direction sera remplacé par son équivalent d'eau de mer à mesure qu'il se déroulera.

Les flotteurs seraient peints en noir, sauf à l'arrière où ils auraient une couleur très-tranchante, ou même mieux un miroir. L'électricité, passant constamment dans le câble directeur, viendrait se perdre dans les flotteurs, par l'intermédiaire des cables métalliques qui les lient à la torpille, et formerait sur le miroir de chacun d'eux, non une traînée, mais un point lumineux visible du côté de la direction et invisible du côté de l'ennemi. Un faisceau de lumière électrique, quoique bien plus perceptible, aurait le désavantage de déceler à l'ennemi la présence de la torpille, surtout au milieu d'une nuit obscure.

Le câble directeur, n'ayant qu'un seul fil, agirait sur le gouvernail ; étant déroulé plus ou moins vite, suivant la vitesse même des propulseurs, il n'entraverait en rien la marche. Il servirait à diriger la torpille dans toutes les directions, à fournir la nuit le point lumineux aux flotteurs et, si l'on voulait, à envoyer un fort courant électrique qui déterminerait l'explosion.

Les avantages d'une torpille établie suivant ces données seraient les suivants :

Les trois hélices donneraient une vitesse égale ou même supérieure à celles des navires de guerre.

Les flotteurs, presque complétement invisibles le jour et tout à fait la nuit pour l'ennemi, serviraient de point de repère, d'indice certain aux directeurs et permettraient, par les positions respectives de leur arrière, leur partie éclairée ou lumineuse, de conduire la torpille vers le but plus facilement encore la nuit que le jour. Ils empêcheraient, en même temps, la torpille de s'enfoncer au-delà d'une profondeur déterminée ; d'un autre côté, vu son propre poids, la torpille ne pourrait jamais flotter à la suface.

Le câble rendrait maître du gouvernail de l'engin pendant tout le temps de sa course, jusqu'à l'épuisement de ses réservoirs à air ou à acide carbonique. Il servirait, la nuit, à indiquer la position exacte par la production de points lumineux à l'arrière des flotteurs et permettrait l'explosion par l'envoi d'un fort courant électrique.

De même que le câble des brûlots, il aurait sur le directeur, à son départ, et sur la torpille, à son arrivée, des cadrans permettant la distribution de l'électricité pour : droit en avant, barre à bâbord, barre à tribord, feu, etc.

En utilisant, pour l'établissement de la torpille dont nous venons d'indiquer les principaux éléments, les détails de construction déjà acquis par l'expérience des torpilles Lay et Whithead, nous croyons que l'on pourra arriver à avoir l'engin de ce genre le plus perfectionné qui ait été construit jusqu'à ce jour. Si, surtout, ses trois hélices lui donnent une vitesse au moins égale à celle des cuirassés, il sera possible de tirer un grand parti de cette torpille, non-seulement en vue de la défense des côtes et des ports, mais encore en pleine mer, pendant les combats.

CONCLUSION

Pendant plus de douze années nous avons gardé le silence, ayant foi en des promesses qui n'ont pas été réalisées; nous avons attendu avec patience une occasion favorable, une grande guerre européenne : l'occasion s'est présentée, la guerre a eu lieu, et nos propositions n'ont pas été utilisées; nous avons espéré qu'un jour enfin il se trouverait un homme ayant le pouvoir et la volonté de mettre nos idées à exécution pour que notre patrie en retirât gloire et profit : notre espoir a sans cesse été déçu et trois fois, en 1862, 1868 et 1873, nous avons essuyé des refus.

Nous croyons avoir fait tout ce que l'intérêt de notre pays nous commandait et avoir acquis enfin le droit de livrer notre travail à la publicité.

Nous avons la conviction que l'heure est venue où nos idées ne peuvent plus rester indéfiniment cachées ou perdues au fond des cartons d'un ministère, où elles doivent être mises en pratique soit en France, soit à l'étranger.

Que l'on se demande, sans parti pris, quel serait le résultat d'une lutte entre deux flottes dont l'une serait munie de nos engins de destruction, tandis que l'autre en serait dépourvue ? Que l'on examine surtout ce qui aurait eu lieu en 1870 si notre marine avait possédé de tels moyens d'action contre les ports de la Prusse ?

C'est pourquoi nous croyons être dans la plus stricte vérité en affirmant que le brûlot que nous proposons est l'arme la plus terrible que l'on ait employée jusqu'à ce jour dans les batailles navales, et que la nation qui, la première, saura s'en servir, quelle que soit la force de son adversaire, aura la victoire assurée lors de la prochaine grande lutte sur les océans. Avec une dépense relativement minime, cette puissance obtiendra, dès le début des hostilités, une supériorité énorme sur son ennemi en infligeant à ses flottes, à ses ports et à ses arsenaux des pertes immenses et irréparables sans de longues années.

Nous affirmons, en outre, que, dès qu'une marine de guerre aura adopté nos brûlots, toutes les autres seront dans la nécessité d'en faire construire, sous peine de perdre leur rang et leur prestige sur mer.

Quelle sera cette nation dont l'amirauté se décidera, la première, à se servir de nos idées ? Nous l'ignorons. Mais nous souhaitons que ce ne soit pas une ennemie de la France.

Dieu veuille que notre patrie, après avoir eu pendant douze années la possibilité d'acquérir une force immense sur mer, ne se laisse pas un jour encore surprendre sans être prête ; les conséquences en seraient désastreuses pour sa puissance maritime !

TABLE DES CHAPITRES

44982. — Imp. V⁰ᵉ Renou, Maulde § Cock, R. Rivoli, 144, à Paris.